by James Richard

FUNCTION WORKBOOK

January 2020

Copyright © 2020

All rights reserved. No part of this publication may be reproduced, distributed, or transmitted in any form or by any means, including photocopying, recording, or other electronic or mechanical methods, without the prior written permission of the publisher, except in the case of brief quotations embodied in critical reviews and certain other noncommercial uses permitted by copyright law. For permission requests, write to the publisher using address below.

delightfulbook@gmail.com

© 2020

Contents

UNIT FUNCTION 1
CONSTANT FUNCTION 2
INVERSE FUNCTION..3
PROPERTIES OF INVERSE FUNCTIONS 6
COMBINIG FUNCTION 8
PROPERTIES OF COMBINING FUNCTIONS 10
TEST WITH SOLUTIONS 13

UNIT FUNCTION

f(x)=x $\Rightarrow f(Unit\ function)$

f(x)=x

(Example):

$f(x) = (4 - a)x + 2b + 6$
If $f(x)$ is a unit function, What is a_{+b}?

(Solution):

$4 - a = 1 \quad (and) \quad 2b + 6 = 0$

$a = 3 \quad (and) \quad b = -3$

$a.b = 3 + (-3) = 0$

CONSTANT FUNCTION

$f(x) = c, c \epsilon R \Rightarrow$ (f is a constant function)

(Example):

$f(x) = (2a - b + 5)x + 2bx + 1$

if $f(x)$ is a constant function, what is $a + b$?

(Solution):

$f(x) = (2a - b + 5)x + 2bx + 1$

$2a - b + 5 = 0 \quad (and) 2b = 0 \Rightarrow 2a - 0 + 5 = 0$

$a = -\dfrac{5}{2} \Rightarrow a + b = -\dfrac{5}{2} + 0 = -\dfrac{5}{2}$

(Example):

$f(x) = \dfrac{3x + a}{4x - 8}$

If $f(x)$ is a constant function, what is a?

(Solution):

$\dfrac{3x + a}{4x - 8} = k$

$3x + a = 4kx - 8k \Rightarrow 4k = 3, a = -8k$

$x = \dfrac{3}{4}, \qquad a = -8 \cdot \dfrac{3}{4}, \quad \Rightarrow \quad a = -6$

INVERSE FUNCTION

$f: A \to B \quad ; f^{-1}: B \to A$

$f(x) = y \Rightarrow f^{-1}(y) = x$

$f^{-1} \neq \dfrac{1}{f}$

(Example):

$y = f(x) = 2x - 5 \Rightarrow f^{-1}(x) = ?$

(Solution):

$y = 2x - 5$

$x = 2y - 5$

$x + 5 = 2y$

$\dfrac{x+5}{2} = y$

$f^{-1}(x) = \dfrac{x+5}{2}$

(Example):

$y = f(x) = \dfrac{2x-4}{x+4} \Rightarrow f^{-1}(x) = ?$

(Solution):

$y = \dfrac{2x-4}{x+4}$

$$x = \frac{2y-4}{y+4}$$

$$xy + 4x = 2y - 4$$

$$xy - 2y = -4x - 4$$

$$y(x-2) = -4x - 4$$

$$y = \frac{-4x-4}{x-2} = \frac{4x+4}{2-x}$$

$$f^{-1}(x) = \frac{4x+4}{2-x}$$

(Example):

$$f\left(\frac{x-2}{2x}\right) = 2x + 5 \Rightarrow f^{-1}(3) = ?$$

(Solution):

$$f\left(\frac{x-2}{2x}\right) = 2x + 5$$

$$(y = f(x) \Rightarrow f^{-1}(y) = x)$$

$$\frac{x-2}{2x} = f^{-1}(2x+5) \qquad \begin{pmatrix} 2x+5=3 \\ x=-1 \end{pmatrix}$$

$$x = -1 \Rightarrow \frac{-1-2}{2(-1)} = f^{-1}(-2+5)$$

$$\frac{-3}{-2} = f^{-1}(3)$$

$$f^{-1}(3) = \frac{3}{2}$$

(Example):

$f(x) = x^2 - 2x \Longrightarrow f^{-1}(x) = ?$

(Solution):

$y = x^2 - 2x$

$x = y^2 - 2y$

$x = y^2 - 2y + 1 - 1$

$x = (y - 1)^2 - 1$

$x + 1 = (y - 1)^2$

$\mp \sqrt{x + 1} = y - 1$

$\mp \sqrt{x + 1} + 1 = y$

$f^{-1}(x) = \sqrt{x + 1} + 1$

(Example):

$f : R \to R \quad f(2x - 4) = 8x + 5 \Longrightarrow f(x) = ?$

(Solution):

f(2x-4)=8x+5

$f\left(2 \cdot \left(\dfrac{x + 4}{2}\right) - 4\right) = 8 \cdot \left(\dfrac{x + 4}{2}\right) + 5$

$f(x + 4 - 4) = 4 \cdot (x + 4) + 5$

$f(x) = 4x + 21$

PROPERTIES OF INVERSE FUNCTIONS

a. $f(x) = x + a \quad \Rightarrow \quad f^{-1}(x) = x - a$

b. $f(x) = \dfrac{ax + b}{c} \quad \Rightarrow \quad f^{-1}(x) = \dfrac{cx - b}{a}$

c. $f(x) = \dfrac{a}{bx.c} \quad \Rightarrow \quad f^{-1} = \dfrac{-cx + a}{bx}$

d. $f(x) = ax + b \quad \Rightarrow \quad f^{-1}(x) = \dfrac{x - b}{a}$

e. $f(x) = \dfrac{ax + b}{cx + d} \quad \Rightarrow \quad f^{-1}(x) = \dfrac{-dx + b}{cx - a}$

f. $f(x) = \dfrac{ax + b}{cx} \quad \Rightarrow \quad f^{-1}(x) = \dfrac{b}{cx - a}$

g. $f(x) = a - x \quad \Rightarrow \quad f^{-1}(x) = a - x$

h. $f(x) = \dfrac{b}{x} \quad \Rightarrow \quad f^{-1}(x) = \dfrac{b}{x}$

k. $f(x) = a^x \quad \Rightarrow \quad f^{-1}(x) = \log_a x$

l. $f(x) = \log_a x \quad \Rightarrow \quad f^{-1}(x) = a^x$

(Example):

$f(2x + 4) = x \Rightarrow f\left(\dfrac{2}{x} - 1\right) = ?$

A) $\dfrac{2}{x} - 2$ B) $\dfrac{2}{x} + 2$ C) $\dfrac{4}{x} + 2$ D) $\dfrac{4}{x} + 4$ E) $\dfrac{8}{x} + 2$

(Solution):

$f(2x + 4) = x$

$f(x) = 2x + 4$

$f\left(\dfrac{2}{x} - 1\right) = 2.\left(\dfrac{2}{x} - 1\right) + 4$

$f\left(\dfrac{2}{x} - 1\right) = \dfrac{4}{x} - 2 + 4$

$f\left(\dfrac{2}{x} - 1\right) = \dfrac{4}{x} + 2$

COMBINIG FUNCTION

(Example):

$f(x) = 3x - 4, \quad g(x) = 4x + 6$

$(fog)(x) = ? \quad , \quad (gof)(x) = ?$

(Solution):

$(fog)(x) = f(g(x)) = 3.g(x) - 4$

$= 3.(4x + 6) - 4$

$= 12x + 18 - 4$

$= 12x + 14$

$(gof)(x) = g(f(x)) = 4.f(x) + 6$

$= 4.(3x - 4) + 6$

$= 12x - 16 + 6$

$= 12x - 10$

(Example):

$f(x) = x^2 - 2, g(x) = 2x - 4$

$h(x) = 3x - 1 \Longrightarrow (fogoh)(x) = ?$

(Solution):

$(fogoh)(x) = f(g(h(x)))$

$= f(g(3x - 1))$

$= f(g.(3x-1)-4)$

$= f(6x-6)$

$= (6x-6)^2 - 2$

$= 36x^2 - 72x + 36 - 2$

$= 36x^2 - 72x + 34$

PROPERTIES OF COMBINING FUNCTIONS

1. $fog \neq gof$

2. $(fog)oh = fo(goh)$

3. $(fog)^{-1}(x) = (g^{-1}of^{-1})(x)$

4. $(f^{-1}of)(x) = (fof^{-1})(x) = 1(x)$

5. $(fol)(x) = (lof)(x) = f(x)$

6. $(fog)(x) = h(x) \Rightarrow g(x) = f^{-1}(h(x))$

7. $(fog)(x) = h(x) \Rightarrow f(x) = h(g^{-1}(x))$

(Example):

$f(x) = 3x - 1$

$(gof)(x) = 9x + 5$

$\Rightarrow g(x) = ?$

(Solution):

$f(x) = 3x - 1, (gof)(x) = 9x + 5$

$(gof)(x) = 9x + 5 \Rightarrow g(x) = 9.f^{-1}(x) + 5$

$g(x) = 9 \cdot \dfrac{x+1}{3} + 5$

$= 3(x+1) + 5$

$= 3x + 8$

(Example):

$f(x) = \begin{cases} 2x + 5 \ ; x < -1 \\ 2 - x^2 ; x \geq 1 \end{cases}$

$g(x) = 3 - x \Rightarrow (fog)(5) = ?$

(Solution):

$(fog)(5) = f(g(5))$

$= f(3 - 5)$

$= f(3 - 5)$

$= 2.(-2) + 5 \quad (-2 <- 1)$

$= -1$

(Example):

$f(x) = \begin{cases} 3 - 4x \,;x \leq -2 \\ x^2 \,;x >- 2 \end{cases}$

$g(x) = 2x - 4$

$\Rightarrow (fog)(x) = ?$

(Solution):

$(fog)(x) = f(g(x)) = \begin{cases} 3 - 4.g(x) \,;g(x) \leq -2 \\ (g(x))^2 \,;g(x) >- 2 \end{cases}$

$= \begin{cases} 3 - 4.(2x - 4) \,;2x - 4 \leq -2 \\ (2x - 4)^2 \,;2x - 4 >- 2 \end{cases}$

$= \begin{cases} -8x + 19 \,;x \leq 1 \\ 4x^2 - 16x + 16 \,;x > 1 \end{cases}$

(Example):

$(fog)(4) = ?$

$(gof)(-1) = ?$

(Solution):

$(-1, 0) \Rightarrow f(-1) = 0$

$(0, 1) \Rightarrow f(0) = 1$

$(4, 0) \Rightarrow g(4) = 0,$

$(0, 3) \Rightarrow g(0) = 3$

$\Rightarrow (fog)(4) = f(g(4)) = f(0) = 1$

$\Rightarrow (gof)(-1) = g(f(-1)0 = g(0) = 3$

TEST WITH SOLUTIONS

1. $f(x) = x^2 - 3x + 5 \Rightarrow f(1) = ?$

A)-1 B)0 C)1 D)2 E)3

(Solution):

$f(x) = x^2 - 3x + 5$

$f(1) = 1^2 - 3.1 + 5$

$\quad = 3$

2. $f(x) = 2x + 1 \Rightarrow f([-1,4)) = ?$

A)$[-1,9]$ B)$[-1,9\}$ C)$(-1,9]$
D)$(-1,9\rangle$ E)$\{-1,9\}$

(Solution):

$f(x) = 2x + 1$

$x = -1 \Rightarrow f(-1) = 2.(-1) + 1$

$\quad\quad\quad = -1$

$x = 4 \Rightarrow f(4) = 2.4 + 1$

$\quad\quad\quad = 9$

$[-1,9)$

3. $f: \to R, f(x)=3-x \Rightarrow f^{-1}(x) = ?$

A)3-x B)3+x C)-x-3 D) $\dfrac{4x+1}{3}$

E) $\dfrac{4x-1}{3}$

(Solution):

$f(x) = 3 - x \Rightarrow f^{-1}(x) = 3 - x$

4. $f:R \to R, f(x) = \dfrac{3x+1}{4} \Rightarrow f^{-1}(x) = ?$

A) 4x-3 B) $\dfrac{3x-1}{4}$ C) $\dfrac{3x+1}{4}$ D) $\dfrac{4x+1}{3}$

E) $\dfrac{4x-1}{3}$

(Solution):

$f(x) = \dfrac{3x+1}{4} \Rightarrow f^{-1}(x) = \dfrac{4x-1}{3}$

5. $f:A \to B, f(x) = \dfrac{2x-3}{5x+4} \Rightarrow f^{-1}(x) = ?$

A) $\dfrac{-4x-3}{5x+2}$ B) $\dfrac{-4x+3}{5x-2}$ C) $\dfrac{4x+3}{2-5x}$ D) $\dfrac{4x+3}{5x+2}$ E) $\dfrac{4x-3}{2+5x}$

(Solution):

$$f(x) = \dfrac{2x-3}{5x+4} \Rightarrow f^{-1}(x) = \dfrac{-4x-3}{5x-2}$$

$$= \dfrac{4x+3}{2-5x}$$

6. $f(3x+5) = 6x - 1 \Rightarrow f(x) = ?$

A) 2x-11   B) 2x-12   C) 2x+2   D) 2x+5
E) 2x+10

(Solution):

$f(3x+5) = 6x - 1$

$f(x) = 6 \cdot \left(\dfrac{x-5}{3}\right) - 1$

$= 2(x-5) - 1$

$= 2x - 11$

7. $f\left(\dfrac{2x-1}{3x+1}\right) = \dfrac{x-1}{x-2}$

A) $\dfrac{1}{2}$ B) $-\dfrac{1}{2}$ C) $\dfrac{2}{4}$ D) $-\dfrac{2}{4}$ E) -1

15

(Solution):

$$f\left(\frac{2x-1}{3x+1}\right) = \frac{x-1}{x-2}$$

$$f(x) = \frac{\left(\frac{x+1}{2-3x}\right) - 1}{\left(\frac{x+1}{2-3x}\right) - 2} = \frac{\frac{4x-1}{2-3x}}{\frac{7x-3}{2-3x}} = \frac{4x-1}{7x-3}$$

$$f^{-1}(x) = \frac{3x-1}{7x-4} \Rightarrow f^{-1}(2) = \frac{3*2-1}{7*2-4} = \frac{5}{10} = \frac{1}{12}$$

8. $f(2x+1) = 6x + 4 \Rightarrow f(1) = ?$

A) 3 B) 4 C) 5 D) 6 E) 10

(Solution):

$f(2x+1) = 6x + 4$

$f(x) = 6 * \left(\frac{x-1}{2}\right) + 4$

$= 3x - 3 + 4$

$f(x) = 3x + 1$

$f(1) = 3 * 1 + 1 = 4$

9. $f\left(\frac{x-1}{2}\right) = 2x - 2 \Rightarrow f(x) = ?$

A) $4x - 4$ B) $4x + 4$ C) $4x$ D) $2x - 1$
E) $2x - 3$

(Solution):

$f\left(\dfrac{x-1}{2}\right) = 2x - 2 \Rightarrow f(x) = 2*(2x+1) - 2$

$= 4x$

10. $f(x)\left(\dfrac{x\sqrt{3}-a}{a}\right) * f^{-1}(x) = x + 1 \Rightarrow a = ?$

A) -3 B) $\sqrt{-3}$ C) 0 D) $\sqrt{3}$ E) 3

(Solution):

$f(x) = \dfrac{x*\sqrt{3}-a}{a} \Rightarrow f^{-1}(x) = \dfrac{x*a+a}{\sqrt{3}} = x + a$

$a(x+1) = \sqrt{3}*(x+1)$

$a = \sqrt{3}$

11. $g(x) = 2x - 2, (gof)(x) = 2x - 4 \Rightarrow f(x) = ?$

A) $x - 1$ B) $-x - 1$ C) $x + 1$ D)
   $2x - 1$ E) $2x + 1$

(Solution):

$g(x) = 2x - 2$

$(gof)(x) = g(f(x)) = 2 * f(x) - 2 = 2x - 4$

$2 * f(x) = 2x - 2 = f(x) = x - 1$

12. $f(x) = 2x + 1, \ g(x) = x^2 - a$

$(fog)(x) = 2x^2 - 3 \Rightarrow a = ?$

A) -3 B) -1 C) 0 D) 1 E) 2

(Solution):

$f(x) = 2x + 1, \ g(x) = x^2 - a$

$(fog)(x) = f(g(x)) = 2(x^2 - a) + 1 = 2x^2 - 3$

$2x^2 - 2a + 1 = 2x^2 - 3$

$-2a + 1 = -3$

$2a = 4 = a = 2$

13. $f(x) = mx^2 + nx + r, \ g(x) = 4x + 3$

$(gof)(x) = 4x^2 + 16x + 11 \Rightarrow m * n * r = ?$

A) 2 B) 4 C) 6 D) 7 E) 8

(Solution):

$f(x) = mx^2 + nx + r$

$(gof)(x) = g(f(x)) = 4(mx^2 + nx + r) + 3 = 2x^2 - 3$

$= 4x^2 + 16x + 11$

$4mx^2 + 4nx + 4r + 3 = 4x^2 + 16x + 11$

$4m = 4 \Rightarrow m = 1$

$4n = 16 \Rightarrow n = 4$

$4r + 3 = 11 \Rightarrow r = 2$

$m * n * r = 1 * 4 * 2$

$= 8$

14. $f: R \to R \quad g: R \to R$

$f(x) = 8x + 6 \quad g(x) = 4x - 2$

$\Rightarrow (f^{-1} og)^{-1}(1) = ?$

A) 2   B) 3   C) 4   D) 5   E) 6

(Solution):

$f(x) = 8x + 6 \Rightarrow f^{-1}(x) = \dfrac{x - 6}{8}$

$g(x) = 4x - 2$

$(f^{-1} og)(x) = \dfrac{(4x - 2) - 6}{8} = \dfrac{4x - 6}{8}$

$= \dfrac{x - 2}{2}$

$(f^{-1} og)(x) = \dfrac{(4x - 2) - 6}{8} = \dfrac{4x - 8}{8}$

$= \dfrac{x - 2}{2}$

$(f^{-1}of)^{-1}(x) = 2x + 2$

$(f^{-1}og)^{-1}(1) = 2*1 + 2$

$= 4$

15. $f(x) = 2x - 1$

$(gof)(x) = 2x - 3$

$\Rightarrow g(3) = ?$

A) 0 B) 1 C) 2 D) 3 E) 4

(Solution):

$(gof)(x) = 2x - 3$

$g(f(x)) = 2x - 3$

$g(2x - 1) = 2x - 3$

$x = 2 \Rightarrow g(2*2 - 1) = 2*2 - 3$

$g(3) = 1$

16. $f:R \to R$

$f(x) = 2x - 5$

$(gof)(x) 4x + 1 \Rightarrow g(x) = ?$

A) $3x - 8$ B) $3x + 11$ C) $2x - 11$ D) $2x + 8$ E) $2x + 11$

(Solution):

$f(x) = 2x - 5$

$(gof)(x) = g[f(x)]$

$\Rightarrow g(2x - 5) = 4x + 1$

$g(x) = 4\left(\dfrac{x+5}{2}\right) + 1$

$= 2x + 11$

17. $f(x) = x$

$g(x) = 2x$

$h(x) = 3x$

$(fogoh)(x) = k * h(x) \Rightarrow k = ?$

A) 1   B) 2   C) 3   D) 5   E) 6

(Solution):

$(fogoh)(x) = fo(goh)(x)$

$= xo(6x)$

$= 6x$

$\Rightarrow (fogoh)(x) = k * h(x)$

$6x = k\, 3x$

$k = 2$

18. $f: IR \to IR^+$

$f(x) = 3^x \Rightarrow f^{-1}(81) = ?$

A) 2 B) 3 C) 4 D) 5 E) 6

(Solution):

$f(a) = b \Rightarrow f^{-1}(b) = a$

Then

$f(4) = 3^4 = 81 \Rightarrow f^{-1}(81) = 4$

19. $f: IR - \left\{\dfrac{1}{5}\right\} \to IR$

$f(x) = \dfrac{5-x}{1-5x}$

$(fof)(x) = ?$

A) $\dfrac{x}{4}$ B) $\dfrac{3x}{4}$ C) $x - 2$ D) $x - 1$ E) x

(Solution):

$(fof)(x) = \dfrac{5 - \left(\dfrac{5-x}{1-5x}\right)}{1 - 5 * \left(\dfrac{5-x}{1-5x}\right)}$

$= x$ Ans: E

20. $f: \mathbb{R} \to \mathbb{R}$

$$f(x) = \begin{cases} x+1, & x < -2 \\ x^2 + 4x, & -2 < x < 3 \\ 2x+3, & 3 \leq x \end{cases}$$

A) 24   B) 22   C) 20   D) 18   E) 16

(Solution):

$f(-4) = -4 + 1 = -3$

$f(2) = 2^2 + 4*2 = 12$

$f(5) = 2*5 + 3 = 13$

$\Rightarrow f(-4) + f(2) + f(5) = -3 + 12 + 13$

$= 22$

21. $f(x) = e^x + 2$

$f(2x+2) = ?$

A) $[f(x)]^2$ B) $[f(x)]^2 + 2$ C) $\dfrac{[f(x)]^2}{2}$
D) $2*f(x)$ E) $f(x) + 2$

(Solution):

$f(x) = e^{x+2} \Rightarrow f(2x+2) = e^{2x+2+2}$

$\Rightarrow f(2x+2 = e^{2(x+2)}$

$\Rightarrow f(2x+2) = [e^x + 2]^2$

$\Rightarrow f(2x+2) = [f(x)]^2$ Ans:A

22. $\left.\begin{array}{l} f(x) = ax \\ g(x) = x + b \\ (fog)(x) = x + 2 \end{array}\right\} \Rightarrow b - a = ?$

A) 2 B) 1 C) 0 D) −1 E) −2

(Solution):

$fog(x) = x + 2$

$a * (x + b) = x + 2$

$ax + ab = x = 2$

$ax = x \; ve(and) ab = 2$

$a = 1 \Rightarrow b = 2$

$b - a = 2 - 1 = 1$

1. $f:R \to R$, $f(x)\dfrac{3x+4}{2} \Rightarrow f\left(\dfrac{2}{3}\right) = ?$

A) -3 B) -1 C) 0 D) 2 E) 3

2. $f:R \to R$, $f(x+1) = 3x - 7 \Rightarrow f(x) = ?$

A) $3x + 10$ B) $3x + 2$ C) $3x - 2$ D) $3x - 4$ E) $3x - 10$

3. $f:R\{0\} \to R\{3\}$,

$f(x) = \dfrac{3x-5}{x} \Rightarrow f^{-1}(x) = ?$

A) $\dfrac{3x+5}{x}$ B) $\dfrac{5}{x+3}$ C) $\dfrac{5}{x-3}$ D) $\dfrac{-5}{x-3}$ E) $\dfrac{-5}{x+3}$

4. $f:R \to R$, $f(x) = 2x + 3 \Rightarrow (fof)(x) = ?$

A) $4x + 9$ B) $4x + 6$ C) $4x + 3$ D) $4x + 1$ E) $4x$

5. $f:g:R \to R$, $(fog)(x) = 12x - 1, f(x) = 4x + 3$

$\Rightarrow g(x) = ?$

A) $3x + 1$ B) $3x - 1$ C) $3x - 2$ D) $3x - 3$ E) $3x + 4$

6. $f:g:R\to R, \Rightarrow f(x) = 2x + 1$
$\Rightarrow (fog)(x) = 3 * f(x) \; g(3) = ?$
A) 6 B) 7 C) 8 D) 9 E) 10

7. $f:g:R\to R, \Rightarrow f(x - 1) = x + 4, \; g(x) = 3x + 4$
$\Rightarrow (f^{-1}og)(3) = ?$
$\Rightarrow g(x) = ?$
A) 8 B) 9 C) 12 D) 16 E) 18

8. $f(3^x) = 5 * x \Rightarrow f(27) = ?$
A) 12 B) 15 C) 18 D) 21 E) 24

9. $f:R\to R, \; f^{-1}(x) = \dfrac{5x + 4}{7} \Rightarrow f\left(\dfrac{19}{7}\right) = ?$
A) 4 B) 3 C) 2 D) 1 E) 0

10. $f:A\to B, \; f(x) = \sqrt[3]{x + 1} \Rightarrow f^{-1}(3) = ?$
A) 2 B) 1 C) 18 D) 26 E) 32

11. $f, g, R\to R$

$f(x) = 2x + 1$, $g(x) = \dfrac{x}{3} + 2$, $(foh)^{-1}(x) = g(x)$

$\Rightarrow h(3) = ?$

A) 6　　　B) 4　　　C) 3　　　D) 2　　　E) 1

12. $f = 3x + 1$, $g(x) = x^2 + x - 1$

$\Rightarrow (fog)(2) = ?$

A) 55　　　B) 38　　　C) 16　　　D) 15　　　E) 14

13. $f(x) = x - 2 \rightarrow$, $g(x) = x^2 - 4$

$\Rightarrow (fog^{-1})^{-1}(x) = ?$

A) x^2　　B) $x^2 + 4$　　C) $x^2 - 4x$　　D) $x^2 + 4x$
E) $(x + 2)^2$

14. $f(x): R \rightarrow R$

$f(x) = \dfrac{2x * f(x-1)}{x+1}$, $f(1) = 1$

$\Rightarrow f(7) = ?$

A) $\dfrac{33}{4}$　　B) 32　　C) 16　　D) 40　　E) $\dfrac{48}{7}$

15. $x * f(x+1) = 2x^2 + x + a - 1$, $f(2) = -3$

$\Rightarrow f(3) = ?$

A) 2   B) 3   C) 5   D) 6   E) 9

16. $f(x):R \to R, \ g:R \to R$

$(f \circ g)^{-1}(x) = \dfrac{3x+1}{2}, \ g(x) = 2x+1$

$\Rightarrow f^{-1}(x) = ?$

A) $\dfrac{x+2}{3}$ B) $\dfrac{x-2}{3}$ C) $\dfrac{2x+1}{2}$ D) $\dfrac{2x-1}{3}$

E) $\dfrac{3x+2}{2}$

17. $f(x) = x^2 + x + 1 \Rightarrow f(x-1) = ?$

A) $x^2 - x - 1$ B) $x^2 - 1$ C) $x^2 + x - 1$ D) $x^2 - x + 1$ E) $x^2 - 3x - 1$

18. $f(x) = 1 - |3x| + x^2$

$\Rightarrow f(-1) + f(1) = ?$

A) -2 B) -1 C) 0 D) 1 E) 2

19. $f(2x+3) = x^3 - 3x - 2$

$\Rightarrow f(-1) = ?$

A) -4 B) -2 C) 0 D) 4 E) 8

20. $f(2x-1) = 6x - 2 \quad g^{-2}(x) = x - 2$

$\Rightarrow (fog)(x) = ?$

A) $3x + 1$ B) $3x + 5$ C) $3x + 7$ D) $6x - 1$
E) $6x + 2$

21. $f(2x-3) = \dfrac{1}{x} + 1 \Rightarrow f(x) = ?$

A) $\dfrac{x+5}{x+3}$ B) $\dfrac{x-5}{x+3}$ C) $\dfrac{x+5}{x-3}$ D) $\dfrac{x-5}{x-3}$ E) $\dfrac{x+5}{x}$

22. $f(x+m) = 2x + 3m, \; f^{-1}(2) = 0 \Rightarrow m = ?$

A) 1 B) 2 C) 3 D) 4 E) 5

23. $f: R \rightarrow R, \; f(3x+4) = 2x^1 - |1 - x^2| + 3$

$\Rightarrow f(-8) = ?$

A) 20 B) 50 C) 63 D) 68 E) 194

24. $f(x) = x + 2, \; (fog)(x) = \dfrac{x+1}{x-2}$

$\Rightarrow g(x) = ?$

A) $\dfrac{x-1}{x-2}$ B) $\dfrac{-x+1}{x-2}$ C) $\dfrac{-x+3}{x-2}$ D) $\dfrac{-x+5}{x-2}$
E) $\dfrac{x+5}{x-2}$

25. $f:R\to R$,

$f\left(\dfrac{2+1}{2}\right) = x+2$

$\Rightarrow f^{-1}(9) = ?$

A) 4   B) 5   C) 9   D) 11   E) 19

1. $f(x) = 3x - 2,\ g(x)x^2$

$\Rightarrow (f\circ g)(2) = ?$

A) 9   B) 10   C) 12   D) 13   E) 14

2. $f(x) = \dfrac{4x-14}{3x+1} \Rightarrow f^{-1}(2) = ?$

A) −8   B) −6   C) 0   D) 6   E) 8

3. $f(x) = 6x - 1$, $g(x) = 2x + 3$

$(fog)(x) = 41 \Rightarrow x = ?$

A) 1   B) 2   C) 3   D) 4   E) 5

4. $f(x) = -2x + 1$, $g^{-1}(x) = \dfrac{x+3}{x-2} \Rightarrow (gof^{-1})(4) = ?$

A) −2   B) −1   C) 0   D) 1   E) 2

5. $f(x) = 4x + 8$, $(gof)(x) = x^2 + 1$

$\Rightarrow g(15) = ?$

A) −10   B) −9   C) −8   D) 8   E) 10

6. $f(x) = 2x + 3$, $g(x) = \dfrac{1}{6x - 2}$

$\Rightarrow (fog)^{-1}(1) = ?$

A) $\dfrac{1}{6}$ B) $\dfrac{1}{3}$ C) $\dfrac{1}{2}$ D) $\dfrac{2}{3}$ E) $\dfrac{5}{6}$

7. $f(0) = 1$, $f(1) = 4$;

$f(n+2) = f(n) - 2 * f(n+1) \Rightarrow f(3) = ?$

A) −36   B) −24   C) −18   D) 18   E) 24

8. $f(x) = 5x + 1 \Rightarrow (f \circ f)(x) = ?$

A) $25x^2 + 6$ B) $25x + 3$ C) $25x + 25$ D) $25x^2 + 3$ E) $25x + 6$

9. $f: A \to B$

$f: x \to 2x - 2$

$B = \{8, 10, 16, 22, 30\} \Rightarrow A = ?$

A) $25x^2 + 6$ B) $25x + 3$ C) $25x + 25$ D) $25x^2 + 3$ E) $25x + 6$

10. $f(x) = 2x - 3 \Rightarrow (g \circ f)(x) = 6x + 5 \Rightarrow g(x) = ?$

A) $3x - 4$ B) $2x + 3$ C) $3x + 14$ D) $3x - 14$ E) $3x + 4$

11. $f(x) = 3x - 4,\ (g \circ f^{-1})(x) = x + 2 \Rightarrow g(5) = ?$

A) -13 B) -12 C) 12 D) 13 E) 14

12. $f(x) = \begin{cases} |x|, & -2 \leq x < 2 \\ 3x, & 2 \leq x < 4 \\ x^2 - 1, & 4 \leq x \end{cases}$

$\Rightarrow \dfrac{f(-2) + f(4) + 1}{f(2)} = ?$

A) 0   B) 1   C) 2   D) 3   E) 4

13. $f(x) = f(x-1) + x$, $f(0) = 7 \Rightarrow f(20) = ?$

A) 212   B) 215   C) 216   D) 217   E) 220

14. $f(x) = \dfrac{3x + b}{x + 4}$, $f^{-1}(5) = 6 \Rightarrow b = ?$

A) 12   B) 18   C) 24   D) 26   E) 32

15. $f(x) = x - 2$, $(f \circ g)(x) = x^2 + x + 1 \Rightarrow g(x) = ?$

A) $x^2 - 3x + 7$ B) $2x^2 + 2x - 7$ C) $x^2 + x + 3$ D) $x^2 + x - 1$ E) $x^2 - 2x + 1$

16. $x^2 y + yx - y - 3 = 0$, $\Rightarrow y = f(x) = ?$

A) $\dfrac{3}{x^2 + x - 1}$ B) $\dfrac{-3}{x^2 + x - 1}$ C) $x^2 + x + 1$ D) $-x^2 + x - 1$ E) 1

17. $\dfrac{1}{x} + \dfrac{1}{y} = 1 \Rightarrow y = f(x) = ?$

A) $\dfrac{x}{x-1}$ B) $\dfrac{-x}{x+1}$ C) $\dfrac{x+1}{x-1}$ D) $\dfrac{x-1}{x}$ E) $\dfrac{x-1}{x+1}$

18. $f(x) = 2x - 1$, $(gof)(x) = -3 * f(x) = 4 \Rightarrow y = g(x) = ?$

A) $-6x + 3$ B) $-2x + 1$ C) $-3x$ D) $-2x$ E) x

19. $f(x) = 2x^2 - x + a$, $f(0) + f(1) = 13 \Rightarrow a = ?$

A) 3   B) 4   C) 5   D) 6   E) 7

20. $f(2x + 1) = 2x - 1$, $\Rightarrow f(-2) = ?$

A) -5 B) -4 C) -3 D) -2 E) -1

21. $f(2x - 1) = x^2 - \dfrac{1}{4} \Rightarrow f(x) = ?$

A) $\dfrac{x^2}{4}$ B) $\dfrac{x^2 - 4}{4}$ C) $\dfrac{x^2 + 2x}{4}$ D) $\dfrac{x^2 - 2x + 1}{4}$ E) $\dfrac{x^2 + 2x + 1}{4}$

22. $f(x) = ax + b$

$f(1) = 2$, $f(2) = 1 \Rightarrow f(4) = ?$

A) -2 B) -1 C) 0   D) 1   E) 2

23. $f(x) = 3x * f(x-1)$, $f(4) = 24$ $\Rightarrow$ $f(1) = ?$

A) 9　　B) 7　　C) 1　　D) $\dfrac{1}{9}$　　E) $\dfrac{1}{27}$

24. $f(x) = \dfrac{x+3}{x-1} + 2$ $\Rightarrow$ $f^{-1}(2) = ?$

A) -3　　B) -2　　C) 1　　D) 2　　E) 3

25. $f(x) = 3x + 3$, $f(f(a)) = 5a$ $\Rightarrow$ $a = ?$

A) 3　　B) 1　　C) 0　　D) -1　　E) -3

26. $f(2x+1) = 4x + 1$ $\Rightarrow$ $f^{-1}(x) = ?$

A) $2x - 1$　　B) $2x + 2$　　C) $\dfrac{x+1}{2}$　　D) $\dfrac{x-1}{2}$　　E) $\dfrac{x}{2}$

1. $f\left(\dfrac{x+3}{2x}\right) = \dfrac{2x-1}{1-x} \Rightarrow f(x) = ?$

A) $\dfrac{-2x-5}{2x+2}$ B) x C) $-x$ D) $\dfrac{x-1}{x}$ E) $\dfrac{-2x+7}{2x-4}$

2. $f(2x-3) = 3x+5 \Rightarrow f^{-1}(x) = ?$

A) $\dfrac{2x-19}{3}$ B) $\dfrac{2x+19}{3}$ C) $\dfrac{3x+19}{2}$ D) $\dfrac{x+19}{3}$ E) $\dfrac{3x-7}{4}$

3. $f(x) = \dfrac{x-2}{3}$, $(fog)(x) = x-1 \Rightarrow g(x) = ?$

A) $\dfrac{3x-3}{2}$ B) $3x-4$ C) $3x-3$ D) $3x-1$ E) $\dfrac{3x-19}{2}$

4. $f\left(\dfrac{2x-1}{x+3}\right) = 2x+1 \Rightarrow f(4) = ?$

A) 16   B) 20   C) -12 D) -11 E) 0

5. $f(x+3) = 5x+7$, $g(x) = x^2 - 3 \Rightarrow (fog)(2) = ?$

A) -4 B) -3 C) -17 D) -12 E) -10

6. $\left.\begin{array}{l} f(x) = x+2 \\ f^{-1}(A) = \{1,2,3,\} \end{array}\right\} \Rightarrow A = ?$

A) $\{0,1,2,\}$ B) $\{-1,0,-1,\}$ C) $\{3,4,5\}$ D) $\{-3,-4,-5\}$ E) $\{-1,-2,-3\}$

7. $f(x) = 3x^2 + 4$, $g(x) = 3x - 2$

$[f^{-1}og]^{-1}(x) = x^2 + a \Rightarrow a = ?$

A) 2   B) 3   C) 4   D) 5   E) 6

8. $f(1) = 5$, $f(x+1) = f(x) + 4 \Rightarrow f(5) = ?$

A) 15   B) 16   C) 18   D) 21   E) 24

9. $f(3x+1) = 5x - 3 \Rightarrow f^{-1}(2) = ?$

A) 1   B) 2   C) 3   D) 4   E) 5

10. $f(x) = ax + b, \ g(x) = 3x - 2, \ (fog)(x) = 6x + 1$

$\Rightarrow a * b = ?$

A) 2   B) 5   C) 10   D) 15   E) 20

11. $f(3x+1) = 9x^2 - 4 \Rightarrow f(2x) = ?$

A) $36x^2 - 4$ B) $5x^2 - 4x + 1$ C) $4x^2 - 3$ D) $4x^2 - 4x - 3$ E) $x^2 - 2x - 3$

12. $f(2x+3) = 5x + 2, \ g(x) = x - 3$

$\Rightarrow (f^{-1}og)(x) = ?$

A) $\dfrac{2x+5}{5}$ B) $\dfrac{2x-5}{5}$ C) $\dfrac{2x-3}{4}$ D) $\dfrac{2x-3}{3}$ E) $2x$

13. $f(x) = \dfrac{x+a}{2x+1}, \ (fof)(x) = \dfrac{3x+2}{4x+3} \Rightarrow a = ?$

A) −1   B) 0   C) 1   D) 2   E) 3

14. $(fog^{-1})(x) = \dfrac{2x+1}{3}, \ f(x = 4x - 3 \Rightarrow g(1) = ?$

A) −1   B) 0   C) 1   D) 2   E) 3

15. $(gof^{-1})(x) = 3x$, $f(x) = 2x + 4$ ⇒ $g(6) = ?$

A) 5   B) 6   C) 7   D) 8   E) 48

16. $f(x) = \dfrac{8x+3}{bx-2}$, $g^{-1}(x) = x - 2$

$(f^{-1}og)(x) = \dfrac{2x+7}{3x-7}$ ⇒ $a*b = ?$

A) 12   B) 27   C) 39   D) 42   E) 45

17. $f(x) = 3x + 1$, $g(x) = \dfrac{3x}{2}$, $h(x) = \dfrac{x-1}{4}$

⇒ $(gofoh)(2) = ?$

A) $\dfrac{11}{8}$ B) $\dfrac{21}{8}$ C) $\dfrac{11}{3}$ D) $\dfrac{21}{3}$ E) 7

18. $f(a,b) = (2a+1, 4b-3)$ ⇒ $f(2,3) = ?$

A) (3,9)   B) (5,9)   C) (7,9)   D) (3,7)   E) (4,9)

19. $f(2x-1) = 4x + 3$ ⇒ $f^{-1}(x) = ?$

A) $\dfrac{x+5}{2}$ B) $\dfrac{2x-5}{2}$ C) $\dfrac{x-5}{2}$ D) $\dfrac{x+5}{3}$ E) $\dfrac{2x+5}{3}$

20. $f\left(\dfrac{2x-1}{x+3}\right) = 4x+7 \Rightarrow f(1) = ?$

A) 15   B) 16   C) 17   D) 18   E) 23

21. $f(2x+5) = \dfrac{x+1}{x+3} \Rightarrow f(x-2) = ?$

A) $\dfrac{x-1}{x+5}$ B) $\dfrac{x-5}{x-1}$ C) $\dfrac{x-5}{x+1}$ D) $\dfrac{x+1}{x-5}$ E) $\dfrac{x+1}{x+5}$

22. $f(x-1) = (x+1)*f(x,)$

$f(3) = 1 \Rightarrow f(0) = ?$

A) 16   B) 20   C) 24   D) 36   E) 48

23. $f(x) = 2x+3$

$(gof)^{-1}(x) = 3x-1 \Rightarrow g(7) = ?$

A) −1   B) 0   C) 1   D) 2   E) 4

24. $f(x) = ax+b,\ f^{-1}(a+b) = ?$

A) $a-b$ B) $\dfrac{a}{b}$ C) $a+b$ D) $a*b$ E) 1

25. $f(x) = (2x-y),$

$f(x-1) = f(x) + 2y \Rightarrow y = ?$

A) 2   B) 1   C) 0   D) −1   E) −2

1. $f\left(\dfrac{x+1}{x-2}\right) = 4x - 1 \Rightarrow f(x) = ?$

A) $\dfrac{7x+5}{x-1}$ B) $\dfrac{8x-5}{x-2}$ C) $\dfrac{5x+3}{x-1}$ D) $\dfrac{x-1}{7x+5}$ E) $\dfrac{1}{x}$

2. $f(x) = \dfrac{2x-7}{3x-6} \Rightarrow f^{-1}(x) = ?$

A) $\dfrac{-2x+7}{3x+8}$ B) $\dfrac{3x-6}{2x-7}$ C) $\dfrac{6x-7}{3x-2}$ D) $\dfrac{x-7}{3x-2}$ E) $\dfrac{3x-7}{2x-6}$

3. $f(x) = \dfrac{3x-7}{x-2a}$

$f(x) = f^{-1}(x) \Rightarrow a = ?$

A) $\dfrac{1}{2}$ B) $\dfrac{1}{3}$ C) 1   D) $\dfrac{3}{2}$ E) $\dfrac{5}{2}$

4. $f(x) = \dfrac{12x^2 - 6x + b}{ax^2 + 18x - 9}$

if $f(x)$ is constant function, what is $f(7)$?

A) 2   B) $\dfrac{1}{3}$ C) $\dfrac{2}{3}$ D) $-\dfrac{2}{3}$ E) $-\dfrac{1}{3}$

5. $f(x) = x - 3$, $(gof)(x) = \dfrac{x+2}{x-2} \Rightarrow g(x) = ?$

A) $\dfrac{x+3}{x}$ B) $\dfrac{x+5}{x+1}$ C) $\dfrac{x+1}{x+5}$ D) $\dfrac{x-1}{x-3}$ E) $\dfrac{x+2}{x+5}$

6. $f(5x - 1) = \dfrac{4x+41}{x^2+4} \Rightarrow f(4) = ?$

A) 5 B) 6 C) 7 D) 8 E) 9

7. $f(x) = \dfrac{x}{x+1} \Rightarrow f(x-1) = ?$

A) $\dfrac{f(x)+1}{2f(x)}$ B) $\dfrac{f(x)+2}{2f(x)}$ C) $\dfrac{2f(x)+1}{2f(x)}$ D) $\dfrac{2f(x)+1}{f(x)}$ E) $\dfrac{2f(x)-1}{f(x)}$

8. $f(x) = 4x^2 + 8x + 4 \Rightarrow f(\dfrac{x-2}{2}) = ?$

A) x^2 B) $x^2 + 4$ C) $x^2 + 4x + 8$ D) $x^2 - 6x + 4$ E) $x^2 - 8$

9. $\dfrac{f^{-1}(7) + f^{-1}(9)}{f(5) + f(-2)} = ?$

A) $-\dfrac{3}{2}$ B) $-\dfrac{1}{4}$ C) $\dfrac{2}{3}$ D) $\dfrac{2}{3}$ E) $\dfrac{3}{4}$

10. $f(n) = 2 * f(n+1) - f(n+2)$

$f(1) = 1$

$f(2) = 5$

$\Rightarrow f(60) = ?$

A) 237 B) 227 C) 218 D) 198 E) 197

11. $(f \circ g^{-1})(4) - f^{-1}\left(\dfrac{8}{3}\right) = ?$

A) $\dfrac{17}{20}$ B) $\dfrac{15}{12}$ C) $\dfrac{11}{14}$ D) $\dfrac{6}{7}$ E) $\dfrac{5}{6}$

12. $f(x) = \dfrac{x-2}{x+2}$

$g(x) = \dfrac{2x+1}{x-1}$

$(f^{-1} \circ g)(4) = 9$

$\Rightarrow a = ?$

A) $\dfrac{16}{3}$ B) $\dfrac{9}{2}$ C) 1 D) $-\dfrac{16}{3}$ E) $-\dfrac{20}{3}$

13. $f(x) = \dfrac{2x+a}{x+3}$

$f^{-1}(3) = 12$

$\Rightarrow a = ?$

A) -21 B) -14 C) 9 D) 18 E) 21

14. $f(2x - 1) = 6x - 9 \Rightarrow f(x) = ?$

A) $2x - 3$ B) $3x - 6$ C) $3x + 6$ D) $6x - 3$ E) $6x + 9$

15. $f(-x) + f(x + a) = x^2 + 7x + 15 \Rightarrow \Sigma a = ?$

A) 5 B) 6 C) 7 D) 8 E) 9

16. $f(x) = \dfrac{(a-2)x - 5}{2x(b-1)} \Rightarrow f^{-1}(x) = ?$

A) $\dfrac{3x - 7}{2x - 6}$ B) $\dfrac{6x - 5}{2x - 8}$ C) $\dfrac{4x - 5}{2x - 3}$ D) $\dfrac{8x - 5}{2x - 3}$ E) $\dfrac{6x - 5}{2x - 10}$

17. $f(x) = 9x^2 + 8x$

$fog(x) = 4x^2 + 12x + 9$

$\Rightarrow g(x) = ?$

A) $3x^2 - 1$ B) $3x^2 + 1$ C) $\frac{3}{2}x^2 + \frac{1}{2}$ D) $\frac{1}{2}(3x-1)$
E) $\frac{1}{6}(4x+5)$

18. $f(2x-1) = \dfrac{x^2-1}{3} \Rightarrow f(x) = ?$

A) $\dfrac{x^2+x-2}{4}$ B) $\dfrac{x^2+2x-3}{6}$ C) $\dfrac{x^2+2x-3}{12}$ D) $\dfrac{x^2-x+3}{6}$ E) $\dfrac{x^2-2x+1}{4}$

1. $f\left(\dfrac{4x+1}{x}\right) = x^2 + 2x + 3 \Rightarrow f(3) = ?$

A) 2   B) 3   C) 4   D) 5   E) 6

2. $f\left(\dfrac{x-4}{2}\right) = 4x - 6 \Rightarrow f^{-1}(8x+3) = ?$

A) $\dfrac{7x-8}{7}$ B) $\dfrac{8x-7}{8}$ C) $\dfrac{8x-8}{7}$ D) $\dfrac{7x-7}{8}$ E) $7x - \dfrac{1}{8}$

3. $f(x^2 + x) = 5x^2 + 5x - 11 \Rightarrow f^{-1}(4) = ?$

A) -3 B) -2 C) 2   D) 3   E) 4

4. $R \to R$

$2 * f(x-2) + 3 * f(2+x) = x + 5 \Rightarrow f(1) = ?$

A) -3 B) $-\dfrac{7}{8}$ C) -1 D) $\dfrac{2}{5}$ E) $\dfrac{28}{25}$

5. $f(x) = 3x - 2$ ve (and) $g(x) = \dfrac{x-2}{3} \Rightarrow (gof^{-1})(x) = ?$

A) $x + \dfrac{4}{3}$ B) $x - \dfrac{4}{3}$ C) $x + \dfrac{5}{3}$ D) $x - \dfrac{5}{3}$ E) $x - 1$

6. $f\left(\dfrac{2x-2}{x-1}\right) = \dfrac{x-2}{x+3} \Rightarrow f^{-1}(2) = ?$

A) -15 B) -14 C) -13 D) -12 E) -11

7. $f(x) = \begin{cases} -2x + 1, & x > 0 \\ x^2 - 1, & x \leq 0 \end{cases}$

$\Rightarrow (fofof)(-2) = ?$

A) 22 B) 23 C) 24 D) 25 E) 26

8. $f(2x-1) = 4x + 2$

$g(2x-1) = 3x + 2$

$\Rightarrow (g^{-1}of)(5) = ?$

A) -5 B) -4 C) -3 D) -2 E) 1

9. $f(x) = \dfrac{5x-2}{a}$ ve (and) $f^{-1}(x) = \dfrac{x+b}{5} \Rightarrow a*b = ?$

A) -3 B) -2 C) -1 D) 1 E) 2

10. $f(x) = 2*f\left(\dfrac{1}{x}\right) + 3x - 1 \Rightarrow f(3) = ?$

A) $-\dfrac{14}{3}$ B) -4 C) $-\dfrac{10}{3}$ D) $-\dfrac{8}{3}$ E) -2

11. $f(4x) + f(2x+2) = x + 5 \Rightarrow f(2) + f(3) + f(4) = ?$

A) 8 B) $\dfrac{17}{2}$ C) 9 D) $\dfrac{19}{2}$ E) 10

12. $f(x) = x^4 - 8x^3 + 24x^2 - 32x + 20 \Rightarrow f(X+2) = ?$

A) $x^4 + 4$ B) $x^4 + 20$ C) $x^4 - 4$ D) $x^2 + 4$ E) $x^2 - 4$

13. $x = \dfrac{2f(x)+1}{1-f(x)} \Rightarrow f^{-1}(x) = ?$

A) $\dfrac{2x}{1+x}$ B) $\dfrac{2x-1}{1-x}$ C) $\dfrac{2x+1}{1-x}$ D) $\dfrac{2x}{1-x}$ E) $\dfrac{1-2x}{x+1}$

14. $f(x) = \dfrac{2x}{x-1} \Rightarrow f(x+1) = ?$

A) $\dfrac{f(x)}{4}$ B) $\dfrac{f(x)-4}{4f(x)}$ C) $\dfrac{f(x)+4}{f(x)}$ D) $\dfrac{4f(x)-4}{f(x)}$ E) $\dfrac{f(x)-4}{f(x)}$

15. $f(x) = 6 * f(x-2)$

$f(7) = 12$

$\Rightarrow f(3) = ?$

A) $\dfrac{1}{15}$ B) $\dfrac{1}{12}$ C) $\dfrac{1}{9}$ D) $\dfrac{1}{6}$ E) $\dfrac{1}{3}$

16. $f(4) = -15$

$f(x-1) = f(x) + 5$

$\Rightarrow f(30) = ?$

A) -145 B) -115 C) -75 D) -60 E) -45

17. $f(x) = x^2 - x + 1$

$\Rightarrow f(1-x) - f(x) = ?$

A) 0 B) 1 C) $1-x$ D) $x^2 - 1$ E) $x^2 + 1$

18. $\dfrac{f^{-1}(0) + f(-2)}{(fof)(0)} = ?$

A) – 2   B) – 1   C) $-\dfrac{1}{2}$ D) $\dfrac{1}{2}$ E) 2

19. $f(x) = |x - 2| - |x|$

$\Rightarrow f(-1) + f(0) + f(1) = ?$

A) 0   B) 1   C) 2   D) 3   E) 4

20. $f(x) = 4x - 1$

$(fog^{-1})(x) = 4x + 7$

$\Rightarrow g(x) = ?$

A) $x + 2$ B) $x - 2$ C) $2x - 1$ D) $2^{\frac{1}{2}x + 1}$ E) $2^{\frac{1}{2}x - 1}$

21. $f(x) = x^2 - 4x$, $(fog)(x) = x^2 + 2x - 3$

Which one can be equal to $g(x)$?

A) $x - 4$ B) $x + 3$ C) $x + 4$ D) $x^2 - 4$ E) $x^2 + 4$

1. $f(2x + 1) = 4x - 3$, $2 * f(x) - f(x + 1) = 5$ $\Rightarrow x = ?$

A) $\dfrac{3}{5}$ B) 1   C) 3   D) 5   E) 6

2. $f^{-1}\left(\dfrac{4x+m}{x+1}\right) = 3x - 4$, $f(5) = 2$ $\Rightarrow m = ?$

A) –4 B) –3 C) 5 D) 6 E) 7

3. $f\left(\dfrac{ax-3}{2}\right) = x + 5$, $f^{-1}(16) = 4 \Rightarrow a = ?$

A) 1 B) 2 C) 3 D) 4 E) 5

4. $f\left(\dfrac{x}{2}+3\right) = 4x - 7 \Rightarrow (f \circ f)(4) = ?$

A) 6 B) 2 C) –10 D) –18 E) –23

5. $f(x) = 2x - 1$, $(f \circ g)(x) = 2 - 4x + 3 \Rightarrow g(x) = ?$

A) $x^2 - 2x + 1$ B) $x^2 + 2x$ C) $x^2 + 2x - 1$

D) $2x^2 - x$ E) $x^2 - 2x + 2$

6. $(f \circ g)(x) = \dfrac{x}{3x-4}$, $f(x) = \dfrac{x+1}{x-1} \Rightarrow g(1) = ?$

A) 0 B) 1 C) 2 D) 3 E) 4

7. $f(x) = 2x^2 + 3$, $g(x) = 3x + 4$, $g \circ f(-1) = f(2x) \Rightarrow x = ?$

A) $\{-\sqrt{2},\sqrt{2}\}$ B) $\{-1\}$ C) $\{\frac{5}{3}\}$ D) $\{-1,1\}$ E) $\{2\}$

8. $(fof)(2) + f^{-1}(3) = ?$

A) 10 B) 9 C) 8 D) 5 E) 0

9. $f(x) = \dfrac{1}{x+2}$, $g(x) = x^2 \Rightarrow (gof^{-1})(2) = ?$

A) $\dfrac{2}{3}$ B) $\dfrac{5}{4}$ C) $\dfrac{9}{4}$ D) $\dfrac{7}{2}$ E) $\dfrac{10}{3}$

10. $f(x-1) = \dfrac{1}{3}x^2 + x - m$, $f(2) = 4 \Rightarrow f(1-m) = ?$

A) -4 B) -3 C) -2 D) 2 E) 5

11. $f(x) = \dfrac{2x+1}{x-1}$, $g(x) = \dfrac{x+a}{2a-x}$, $(g^{-1}of)(2) = 3 \Rightarrow a = ?$

A) 5 B) 4 C) 3 D) 2 E) 1

12. $f(x) = 2x - 1$, $(gof)(x) - 3.f(x) \Rightarrow g(x) = ?$

A) $-3x$ B) $-2x+1$ C) $-2x$ D) x E) $-6x+3$

13. $g(x) = \begin{cases} x-3, & f(x) < 0 \\ -x+6, & f(x) > 0 \end{cases} \Rightarrow gog(5) = ?$

A) 2   B) 3   C) 4   D) 5   E) 6

14. $f(x) = \dfrac{x^2-1}{x-1}, \; g(x) = x+1 \Rightarrow (fog^{-1}(3)) = ?$

A) 2   B) 3   C) 4   D) 5   E) 6

15. $f(x) = 2x+1, \; (fog)(x) = \dfrac{x}{x-1} \Rightarrow g^{-1}(\dfrac{1}{2}) = ?$

A) –2   B) –1   C) 0   D) 1   E) 2

16. $f(x) = ax+3, \; g(x) = \dfrac{1}{2}x - a, \; (fog^{-1}(-3)) = 2 \Rightarrow a_1 * a_2 = ?$

A) –6   B) –5   C) –3   D) –2   E) –1

17. $f(x) = \dfrac{3x-a}{2x+1}, \; g(x) = \dfrac{x-1}{x+1}, \; (f^{-1}og)(3) = \dfrac{1}{4} \Rightarrow a = ?$

A) 0   B) 2   C) 3   D) 4   E) 5

18. $f(x) = ax+b, \; g(x) = 3x-2, \; (gof)(x) = g^{-1}(x) \Rightarrow a+b = ?$

A) 1   B) 2   C) 3   D) 4   E) 5

19. $f(x) = x - 1$, $f(x+1) = g(x-2) \Rightarrow g(x) = ?$

A) x B) $x+1$ C) $x-2$ D) $x+2$ E) $2x-1$

20. $f(x) = \dfrac{x+1}{x-1}$, $g(x) = 3x - 2$, $\Rightarrow (f^{-1} \circ g)(2x) = ?$

A) $\dfrac{2x}{x-3}$ B) $\dfrac{2x}{2x+3}$ C) $\dfrac{x+1}{x-2}$ D) $\dfrac{2x}{2x-1}$

E) $\dfrac{x+2}{x-1}$

21. $f(x) = x+1$, $f(x-1) = g(x+2) \Rightarrow g(x) = ?$

A) $x+3$ B) $x+1$ C) $x-1$ D) $x+2$
E) $2x-1$

1. $f(x) = \dfrac{13x - 2x}{5} \Rightarrow f\left(\dfrac{3}{2}\right) = ?$

A) 0   B) 2   C) 5   D) 7   E) 10

2. $f(x-1) = 2x - 1 \Rightarrow f(x) = ?$

A) $x+2$ B) $x-3$ C) $2x-2$ D) $2x+1$
E) $2x+3$

3. $f(x) = \dfrac{x+3}{x-4} \Rightarrow f^{-1}(x) = ?$

A) $\dfrac{-4x-3}{1-x}$ B) $\dfrac{2(x-2)}{x-1}$ C) $\dfrac{3(x+1)}{x-1}$

D) $\dfrac{4(x-4)}{x-2}$ E) $\dfrac{x-5}{x-3}$

4. $f(x) = x^2 + 2x - 2 \Rightarrow f^{-1}(1) = ?$

A) $\{-3,3\}$ B) $\{-3,1\}$ C) $\{-4,-1\}$

D) $\{-4-2\}$ E) $\{-5,6\}$

5. $f(2x-3) = 8x - 17 \Rightarrow f^{-1}(-1) = ?$

A) 1 B) 2 C) 3 D) 4 E) 5

6. $f(x) = \dfrac{2-x}{3} \Rightarrow fof(x) = ?$

A) $\dfrac{x-3}{3}$ B) $\dfrac{x+1}{2}$ C) $\dfrac{x+2}{3}$ D) $\dfrac{x+3}{5}$ E) $\dfrac{x+4}{9}$

7. $\left.\begin{array}{l} fog(x) = 3 - 4x \\ g(x) = 1 - x \end{array}\right\} \Rightarrow f(x) = ?$

A) $x + 5$ B) $2x + 3$ C) $3x + 2$

D) $4x + 3$ E) $4x - 1$

8. $\left.\begin{array}{l} f(x) = 3x - 1 \\ fog(x) = 2f(x) \end{array}\right\} \Rightarrow g(0) = ?$

A) $-\dfrac{1}{3}$ B) $-\dfrac{1}{2}$ C) 0 D) $\dfrac{1}{4}$ E) $\dfrac{4x+1}{2}$

9. $f\left(\dfrac{x+1}{3x}\right) = \dfrac{2-x}{2x} \Rightarrow f(x) = ?$

A) $\dfrac{6x+3}{4}$ B) $\dfrac{6x-3}{2}$ C) $\dfrac{4x+1}{2}$ D) $\dfrac{3x+1}{5}$ E) $\dfrac{x+1}{3}$

10. $\left.\begin{array}{l} g(x) = 2x \\ fog(x) = \dfrac{2x-1}{3} \end{array}\right\} \Rightarrow f(x) = ?$

A) $\dfrac{x+5}{3}$ B) $\dfrac{x+3}{3}$ C) $\dfrac{x+1}{2}$ D) $\dfrac{x-1}{3}$ E) $\dfrac{x-2}{4}$

11. $\left.\begin{array}{l} fog^{-1}(x) = \dfrac{9x-4}{3x-1} \\ f(x) = 3 - x \end{array}\right\} \Rightarrow g^{-1}\left(-\dfrac{1}{3}\right) = ?$

A) $-\dfrac{4}{5}$ B) $-\dfrac{7}{10}$ C) $-\dfrac{3}{5}$ D) $-\dfrac{1}{2}$ E) 0

12. $f(3x+1) = 2x \Rightarrow f^{-1}(x) = ?$

A) $\dfrac{2(x-2)}{3}$ B) $\dfrac{2(x+1)}{3}$ C) $\dfrac{3x+2}{2}$ D) $\dfrac{x-1}{2}$

E) $\dfrac{x+1}{2}$

13. $\dfrac{f(x)+1}{2f(x)} = \dfrac{1}{3+x} \Rightarrow f(x) = ?$

A) $\dfrac{-x-3}{x+1}$ B) $\dfrac{-x+2}{2x}$ C) $\dfrac{x+1}{2x+1}$ D) $\dfrac{x+2}{x+3}$ E) $\dfrac{2x+1}{x+1}$

14. $\begin{cases} x^2 - 9 & x < 0 \\ 2x + 7 & 0 \le x \le 5 \\ x - 8 & x > 5 \end{cases}$

$\Rightarrow fofof(0) = ?$

A) -10 B) -8 C) -6 D) -4 E) -2

15. $\left.\begin{array}{l} f(x) = x^2 + 3x - 2 \\ g(x) = x + 1 \end{array}\right\} \Rightarrow fog(x) = ?$

A) $x^2 + x - 1$ B) $x^2 + 7x + 4$

C) $x^2 + 3x - 1$ D) $x^2 + 2x + 1$ E) $x^2 + 5x + 1$

16. $\left.\begin{array}{l}g(x) = -x + 3 \\ gof(x) = 4x + 5\end{array}\right\} \Rightarrow f^{-1}(1) = ?$

A) $-\dfrac{1}{4}$ B) $-\dfrac{2}{4}$ C) $-\dfrac{3}{4}$ D) -1 E) $-\dfrac{5}{4}$

17. $\left.\begin{array}{l}f(x) = x + 2 \\ gof^{-1}(x) = 4x + 6\end{array}\right\} \Rightarrow g^{-1}(0) = ?$

A) $-\dfrac{7}{2}$ B) $-\dfrac{5}{2}$ C) $-\dfrac{3}{2}$ D) -1 E) $-\dfrac{1}{2}$

18. $\Rightarrow \dfrac{fof(-3)}{fof(5)} = ?$

A) 0   B) -1 C) -2 D) -3 E) -4

19. $\Rightarrow \dfrac{f(0)}{g^{-1}(3) + g(4)} = ?$

A) $-\dfrac{4}{3}$ B) -1 C) $-\dfrac{2}{3}$ D) $-\dfrac{1}{3}$ E) 0

20. $\left.\begin{array}{l}f(x) = \sqrt[3]{x + 1} \\ f^{-1}(a) = 0\end{array}\right\} \Rightarrow a = ?$

A) 1   B) 2   C) 3   D) 4   E) 5

21. $f(x) = 3 - 2x \Rightarrow f(3x) = ?$

A) $-5 - 2f(x)$ B) $-6 + 3f(x)$ C) $-2 - f(x)$
D) $-f(x) + 1$ E) $-f(x) - 3$

www.ingramcontent.com/pod-product-compliance
Lightning Source LLC
Chambersburg PA
CBHW050309220526
45465CB00005B/1917